全国中等职业学校电工类专业通用
全国技工院校电工类专业通用（中级技能层级）

电子电路基本技能训练
习题册

王　建　主编

中国劳动社会保障出版社

简 介

本习题册是全国中等职业学校电工类专业通用教材 / 全国技工院校电工类专业通用教材（中级技能层级）《电子电路基本技能训练》的配套用书。习题册按照教材章节顺序编排，内容紧扣教材的教学要求，注重基础知识的巩固和基本能力的培养，知识点分布均衡，题型丰富，难易适当，有助于学生复习巩固所学知识。

本习题册由王建任主编，季海峰、费光彦、毛翠云、王永乐、杨川、李萱和郝鑫虎参加编写。

图书在版编目（CIP）数据

电子电路基本技能训练习题册 / 王建主编. -- 北京：中国劳动社会保障出版社，2021
全国中等职业学校电工类专业通用　全国技工院校电工类专业通用. 中级技能层级
ISBN 978-7-5167-5010-0

Ⅰ. ①电…　Ⅱ. ①王…　Ⅲ. ①电子电路-中等专业学校-习题集　Ⅳ. ①TN710-44

中国版本图书馆 CIP 数据核字（2021）第 195060 号

中国劳动社会保障出版社出版发行
（北京市惠新东街 1 号　邮政编码：100029）
*
三河市华骏印务包装有限公司印刷装订　新华书店经销

787 毫米 ×1092 毫米　16 开本　3.25 印张　69 千字
2021 年 10 月第 1 版　2024 年 5 月第 3 次印刷
定价：7.00 元

营销中心电话：400-606-6496
出版社网址：http://www.class.com.cn
http://jg.class.com.cn

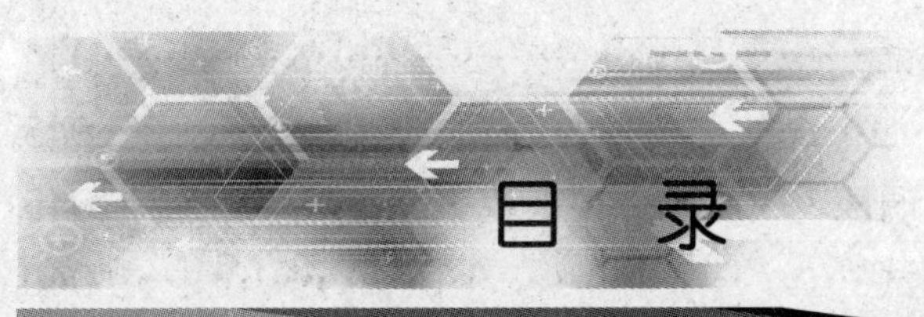

目录

第一单元　电子基本操作技能

第二单元　典型电子电路的安装、调试与检修

第一单元　电子基本操作技能

课题一　电子元器件的识别与测试

任务 1　电阻器、电容器和电感器的识别与测试

一、填空题

1. 导体对电流的阻碍作用称为______。具有一定______、一定________、一定________的，在电路中起到________的元件称为________。

2. 电阻器的主要用途是______和______电路中的______和______，其次还有______电路______、______、________的功能。

3. 电阻器按结构形式可分为________电阻器、______电阻器和______电阻器。

4. 电阻器按材料可分为________、________和________。

5. 敏感电阻也称________电阻，通常有________、________、________、________、________、________等不同类型的电阻。

6. 电阻器的主要参数有_________、______和________。

7. 电位器是一种________电阻器，对外有______个引出端，其中______个为固定端，____个为滑动端（也称中心抽头）。

8. 电阻器的标称值和偏差都标注在电阻体上，其标注方法有_______、________和________。

9. 电阻器的允许偏差分为_________和______________，大部分电阻器都采用__________。

10. 电阻器允许偏差的标注方法有_________法、_________法、_________法和________法四种。

11. 电阻器在电路中长时间连续工作不损坏，或不显著改变其性能所允许消耗的最大功率，称为电阻器的__________。

12. 电容器是一种能________和________电能的元件。电容器具有阻止______通过、允许______通过的特点，即"____________"。

13. 电容器在电子电路中起着______、______等作用。

14. 电容器按结构分为______电容器、______电容器及______电容器；按介质可分为________介质、________介质、________介质及______介质电容器。

15. 电容器的实际容量与标称容量的允许________，称为电容器的________。

16. 电容器参数的标注方法有________、____________和__________三种。

17. 电感线圈的主要参数有________、__________和__________。

二、判断题

1. 电阻器是组成电路的基本元件之一。 ( )

2. 电阻器的产品型号一般由四部分组成，第二部分表示电阻的材料，用字母表示。 ( )

3. 直标法具有直观清楚、容易识别等优点，但标注的数字及小数点容易掉。此方法只适用于小型电阻的参数标注。 ( )

4. 小功率电阻较多使用色标法，特别是 0.5 W 以下的碳膜和金属膜电阻。 ( )

5. 电位器按接触方式及材料分为接触式电位器和非接触式电位器。 ( )

6. 热敏电阻器是用对温度敏感的半导体材料制成的，温度升高而电阻阻值增大的热敏电阻器称为正温度系数热敏电阻器；温度升高而电阻阻值减小的热敏电阻器称为负温度系数热敏电阻器。 ( )

7. 电容器的额定直流工作电压是指在线路中能够长期可靠地工作而不被击穿时所能承受的最大直流电压（又称耐压），其大小与介质的种类和厚度有关。 ( )

8. 电容器的产品型号一般由四部分组成，其中第二部分表示分类。 ( )

9. 体积较小的电容器常用数字标注法。 ( )

10. 当要用色码表示两个重复的数字时，可用宽两倍的色码来表示。 ( )

11. 电解电容器与普通固定电容器的不同主要体现在两个方面：一是电解电容器有正、负极之分；二是电解电容器的容量小。 ( )

12. 电感线圈型号的第二部分表示特征。 ( )

13. 体积较大的电感线圈，其电感量及标称电流均在外壳上标出。 ( )

14. 用万用表测量电感线圈的电阻阻值为无穷大时，说明线圈内部或引出端已断路。 ( )

15. 用万用表测量电感线圈的电阻阻值远小于正常值或接近于零时，说明线圈局部短路。 ( )

三、选择题

1. 通用的电阻器允许偏差分为 3 个等级，其中 I 级表示的偏差为（ ）。

A. ±5%　　B. ±10%　　C. ±15%　　D. ±20%

2. 用色标法标注电阻器的允许偏差时，红色表示的偏差为（ ）。

A. ±1%　　B. ±2%　　C. ±5%　　D. ±10%

3. 额定功率大于（ ）W 的电阻器用阿拉伯数字表示。

A. 1　　B. 2　　C. 5　　D. 10

4. 电阻器产品型号中的第（ ）部分表示分类。

A. 一　　B. 二　　C. 三　　D. 四

5. 电阻器 RT 表示的是（ ）电阻。

A．碳膜　　B．金属膜　　C．氧化膜　　D．合成膜

6．电容器产品型号中的第（　　）部分表示分类。

A．一　　B．二　　C．三　　D．四

7．电容器 CY 表示的是（　　）介质材料。

A．高频陶瓷　　B．低频陶瓷　　C．云母　　D．纸

8．E24 ~ E26 系列固定电容器的 I 级表示的允许偏差为（　　）。

A．±5%　　B．±10%　　C．±15%　　D．±20%

9．电感线圈产品型号中的第（　　）部分表示结构形式，用字母表示。

A．一　　B．二　　C．三　　D．四

四、简答题

1．简述色标电阻的识别方法。

2．如何判别电阻器的质量好坏？

3．如何判别热敏电阻器的质量好坏？

4．如何判别电位器的质量好坏？

5．简述电阻器的选用原则。

6．简述电位器的选用原则。

7. 简述小容量电容器的测试方法。

8. 简述电解电容器的测试方法。

9. 简述可变电容器的测试方法。

10. 简述电容器的选用原则。

11. 简述电感线圈质量的鉴别方法。

任务 2　分立半导体器件的识别与测试

一、填空题

1. 二极管按制造工艺可分为__________、__________和________；按材料可分为______和______；按用途可分为________、________、________和开关管等。

2. 二极管的主要参数有____________、____________________和______________。

3. 三极管的主要参数包含__________和__________两大类。

4. 单结晶体管又称双基极二极管，它有________个 PN 结，一个__________极和__________个基极。

二、判断题

1. 点接触型二极管的特点是 PN 结面积小，因而结电容小，通过的电流小，常用于高频、检波等。（　　）

2. 对于耐压低、电流小的二极管，只能用万用表的 $R\times100$ 或 $R\times1$ k 挡进行测量。（　　）

3. 判断二极管的好坏时，常使用万用表的电阻挡。（　　）

4. 在测量二极管的正反向电阻时，当测得的电阻值较小时，与黑表笔相连的那个电极是二极管的负极。（　　）

5. 用万用表不同的电阻挡测量二极管的正反向电阻时，所测得的电阻值是相同的。（　　）

6. 三极管型号的第三部分表示器件的类型。（　　）

7. 晶闸管不仅具有反向阻断能力，还具有正向阻断能力。（　　）

8．晶闸管导通以后，门极即失去控制作用。（ ）

9．一般晶闸管的反向电阻比正向电阻要小一些。（ ）

10．检测单结晶体管时，一般用万用表的 $R\times100$ 挡。（ ）

三、选择题

1．面接触型二极管的特点是 PN 结面积大，结电容较大，只能在低频下工作，允许通过的电流较大，常用于（ ）电路。

A．整流 B．检波 C．脉冲数字 D．高频

2．二极管型号 2AP 表示的是（ ）。

A．普通管 B．开关管 C．整流管 D．稳压管

3．若用万用表测得某晶体二极管的正反向电阻阻值都很大，则说明其（ ）。

A．性能良好 B．已击穿

C．内部已断路 D．已失去单向导电性

4．若用万用表测得某晶体二极管的正反向电阻阻值都很小，则说明其（ ）。

A．性能良好 B．已击穿

C．内部已断路 D．已失去单向导电性

5．三极管型号的第（ ）部分表示器件的材料和极性。

A．一 B．二 C．三 D．四

6．三极管型号 3AX 表示的是（ ）材料的三极管。

A．PNP 型锗 B．NPN 型锗 C．PNP 型硅 D．NPN 型硅

7．三极管型号 3AD 表示的是（ ）三极管。

A．低频小功率 B．高频小功率 C．低频大功率 D．高频大功率

四、简答题

1．如何利用万用表判别二极管的性能？

2．如何识别二极管的极性？

3. 如何区分稳压二极管与普通二极管？

4. 如何识别三极管的管型？

5. 如何识别 NPN 管的极性？

6. 如何识别 PNP 管的极性？

7. 如何进行三极管的性能检测及稳定性判别？

8．如何判别晶闸管的质量好坏？

9．如何判别单结晶体管的极性？

任务3　集成半导体器件的识别与测试

一、填空题

1．集成电路是利用半导体工艺和膜工艺将________、__________、________以及连接导线制作在很小的半导体或绝缘基体上，形成一个完整的电路，并封装在特制的外壳之中。

2．按照制造工艺和结构，集成电路可分为________集成电路、____集成电路和______集成电路三种。

3. 集成电路按集成度可分为________、________、________和__________的集成电路。

4. 按半导体工艺，集成电路可分为________电路、______电路和____________电路。

5. 集成电路的封装材料及外形有很多种，最常用的封装有______、______及______三种。

6. 集成电路封装外形可分为____________________、__________或__________封装、________________或________、____________封装等。

7. 固定式三端稳压器有______端、______端和________端三个引出端。

8. 固定式三端稳压器属于______调整式，除了________、________、__________和________等环节外，还有较完整的______电路。

二、判断题

1. 国产半导体集成电路型号的第三部分表示器件的工作温度范围。（　　）

2. 对集成电路的质量检测一般分非在路集成电路的检测和在路集成电路的检测。（　　）

3. 常用的 CW78×× 系列三端稳压器是正电压输出的。（　　）

4. 常用的 CW79×× 系列三端稳压器是正电压输出的。（　　）

三、选择题

1. 国产半导体集成电路型号的第（　　）部分表示器件的类型。

A. 一　　B. 二　　C. 三　　D. 四

2. CW7912 型号三端稳压器的输出电压为（　　）V。

A. 12　　B. −12　　C. 9　　D. −9

3. CW7806M 型号三端稳压器的输出电流为（　　）A。

A. 0.1　　B. 0.5　　C. 1　　D. 2

4. 用万用表 $R\times1$ k 挡正反向测量三端稳压器的输出端和输入端，将红表笔接输出端，将黑表笔接输入端，则正向电阻阻值应在（　　）kΩ 范围内。

A. 1 ~ 5　　B. 5 ~ 15　　C. 15 ~ 19　　D. 25 ~ 30

5. 用万用表 $R\times1$ k 挡正反向测量三端稳压器的输出端和输入端，将红表笔接输出端，将黑表笔接输入端，则反向电阻阻值应在（　　）kΩ 范围内。

A. 1 ~ 5　　B. 6 ~ 8　　C. 15 ~ 19　　D. 25 ~ 30

6. 用万用表 $R\times10$ k 挡正反向测量三端稳压器的控制端和输入端，将红表笔接控制端，将黑表笔接输入端，则正向电阻阻值应在（　　）kΩ 范围内。

A. 10 ~ 15　　B. 6 ~ 8　　C. 15 ~ 19　　D. 98 ~ 101

四、简答题

1. 简述圆筒形和菱形金属壳封装 IC 的引脚识别方法。

2．简述单列直插式 IC 的引脚识别方法。

3．简述双列直插式或扁平式 IC 的引脚识别方法。

4．简述非在路集成电路的检测方法。

5．如何进行在路集成电路的检测？

6. 简述三端稳压器的测试方法。

7. 简述整流桥堆的测试方法。

任务4　光电器件的识别与测试

一、填空题

1. 光电器件的种类有很多，大致可分为________________、________________和______________三类。

2. 半导体发光二极管可以用作_________、___________、_________、___________等。

3. 半导体发光二极管按其波长，可分为______________、__________________与________________。

4. 常用的半导体光电器件有____________、____________、____________等。

5. 常用的光敏电子材料有__________、________和________等。

6. 光电三极管是靠光的________来控制电流的器件，可等效为______只光电二极管和______只三极管的结合，所以它具有__________作用。

7. 光电耦合器是一种______结合的半导体器件，是由________和受光器组成的一个“__________”器件。

8. 常见的发光耦合器有____________与____________光电耦合器、__________与______________光电耦合器等多个品种。

9. 光电二极管的简易测试方法分为__________________、__________________和______________。

二、判断题

1. 半导体发光二极管是采用磷化镓或磷砷化镓等半导体材料制成的，直接将电能转换为光能的结型电致发光器件。（　　）

2. 发光二极管以其工作电压低、功率小、发光稳定、体积小、使用寿命长等优

点，广泛应用于音响设备中的电平指示器和电源指示器。（　　）

3. 检测发光二极管的正、负极性和性能，原则上可以采用检测普通二极管的方法。（　　）

4. 光敏电阻是利用半导体的光致导电特性制成的，是无结器件。（　　）

5. 光电二极管又称光敏二极管，其构造和普通二极管类似，不同之处是光电二极管的管壳上有入射光窗口。（　　）

6. 发光二极管主要有电学和光学两类参数。（　　）

三、选择题

1. 测量发光二极管时，注意不能使用万用表（　　）挡，否则会导致发光二极管被击穿。

A. $R\times1$　　B. $R\times100$　　C. $R\times1\text{ k}$　　D. $R\times10\text{ k}$

2. 光电三极管可以用万用表（　　）挡检测其正反向电阻。

A. $R\times1$　　B. $R\times100$　　C. $R\times1\text{ k}$　　D. $R\times10\text{ k}$

3. 区别光电器件时，若管子尺寸过小或是由黑色树脂封装，可以用万用表 $R\times1\text{ k}$ 挡检测其正反向电阻。无光照时，正向阻值为 20 ~ 40 kΩ、反向阻值大于 200 kΩ，则其是（　　）。

A. 红外发光二极管　　B. 光电三极管

C. 红外光电二极管　　D. 光电耦合器

四、简答题

1. 如何判别发光二极管的正、负极性和性能？

2．如何检测变色发光二极管的正、负极性和性能？

3．如何检测红外发光二极管的正、负极性并判别其质量好坏？

4．如何检测激光二极管的正、负极性和性能？

5．简述光电二极管的检测方法。

6．简述光电三极管的检测方法。

7．简述光电耦合器的检测方法。

课题二　电子焊接基本操作

任务 1　手工烙铁焊接操作

一、填空题

1．常用的电烙铁有________、________和________三种，它们都是利用电流的________进行焊接工作的。

2．外热式电烙铁由________、________、________、________、________、________等部分组成。

3．常用的外热式电烙铁的规格有______、______、______和______等。

4．焊接电子元件常用______和______两种，焊接强电元件要用______以上的电烙铁。

5．内热式电烙铁由________、________、________、________、________组成。

6．电烙铁的握法有________、________和________三种。

7．焊锡在______℃时便可熔化，使用______W 外热式或______W 内热式电烙铁便可以进行焊接。

8．去除焊件表面杂质通常有________方法和______方法。

9．电子线路中的焊接通常采用______、__________焊剂。

10．元器件在印制电路板上的排列和安装方式有两种：一种是______，另一种是______。引线的跨距应根据尺寸优选______的倍数。

11．焊接操作的五步法为：______、______、______、______和________。

12．导线与接线端子、导线与导线之间的焊接有三种基本形式：______、______和______。

二、判断题

1．内热式电烙铁具有升温快、质量轻、耗电少、体积小、热效率高等特点，应用非常普遍。（　　）

2．内热式电烙铁的热效率高，20 W的内热式电烙铁的热效率相当于40 W左右的外热式电烙铁的热效率。（　　）

3．吸锡电烙铁是将活塞式吸锡器与电烙铁融为一体的拆焊工具。（　　）

4．恒温电烙铁是在恒温电烙铁的烙铁头内装有带磁铁式的温度控制器，通过控制通电时间实现温度控制。（　　）

5．焊料是指在钎焊中起连接作用的金属材料，其熔点比被焊物的熔点高。（　　）

6．焊接时，应根据焊件形状选用不同的烙铁头，尽量要让烙铁头与焊件形成面接

触，而不是点接触或线接触，这样能大大提高效率。（ ）

7. 吸锡电烙铁的不足之处是每次只能对一个焊点进行拆焊。（ ）

8. 在焊锡凝固之前，不要使焊件移动或振动，不要使用过量的焊剂和用已加热的烙铁头作为焊料的运载工具。（ ）

9. 用万用表电阻挡测量电阻器时，手指不要触碰被测固定电阻器的两根引出线，以避免人体电阻对测量精度的影响。（ ）

10. 焊接电子元件时应使用不大于 45 W 的电烙铁。（ ）

11. 焊接电子元件时可以使用任何焊剂。（ ）

12. 绕焊是指把经过镀锡的导线端头在接线端子上缠一圈，用钳子拉紧缠牢后进行焊接。（ ）

13. 在常用的焊接方式中，搭焊最简便，但强度和可靠性最差，可用于长期连接。（ ）

14. 导线之间的焊接以绕焊为主。（ ）

三、选择题

1. 对于小热容量焊件而言，整个焊接过程不超过（ ）s。

A. 1 ~ 2　　B. 2 ~ 3　　C. 2 ~ 4　　D. 2 ~ 6

2. 松香酒精焊剂是用无水乙醇溶解纯松香配制成（ ）的乙醇溶液，其优点是没有腐蚀性，具有高绝缘性能、长期稳定性及耐湿性。

A. 10% ~ 15%　　B. 20% ~ 30%　　C. 25% ~ 30%　　D. 30% ~ 40%

3. 焊接电子元件应使用的焊剂为（ ）。

A. 松香　　B. 焊膏　　C. 王水　　D. 石蜡

4. 焊接电子元件的时间一般不超过（ ）s。

A. 10　　B. 5　　C. 2　　D. 15

四、简答题

1. 选用电烙铁时，应主要考虑哪几个方面?

2. 简述电烙铁的使用方法。

3. 简述电烙铁的三种握法。

4. 对锡焊的要求有哪些？

5. 简述焊接的操作方法。

6. 简述导线与导线的焊接方法。

任务 2 集成电路焊接操作

一、填空题

1．由于集成电路内部集成度高，焊接温度不能超过______℃。

2．波峰焊接机通常由__________、印制电路板__________、__________系统、__________预热和__________系统以及________和________系统等部分组成。

3．波峰焊接的工艺流程包括________、__________、__________、________等工序。

4．元器件插装形式可分为________插装、________插装和________插装。

5．预热是波峰焊接工艺中不可缺少的工序，预热的形式有______________和________两种。

6．长脚插件一次焊接工艺要用到________、__________和__________。

7．高频加热焊是利用______感应电流，在变压器二次侧回路将被焊的金属进行__________的方法。

8．高频加热焊装置由与被焊件形状基本适应的__________和________________组成。

9．脉冲加热焊是以__________的方式，通过__________在________的时间内给焊点施加热量完成焊接的。

10．外围电子元器件组装中，除再流焊外，常用的焊接技术还有____________焊、______________焊、____________焊等。

二、判断题

1．波峰焊接的准备工序包括元器件引线搪锡、成形及印制电路板的准备。（ ）

2．全自动插装元件是由计算机控制插装机完成元件的插装。（ ）

3．喷涂焊剂工序是为了提高被焊接表面的润湿性和去除氧化物。（ ）

4．波峰喷嘴是波峰焊接机中的关键部件，其质量好坏直接影响焊料波峰的平稳度。（ ）

5．长脚插件一次焊接工艺是印制电路板插装工艺技术之一，简称 PCB 联装工艺。（ ）

6．长脚插件一次焊接工艺的特点是用薄膜固定元器件、用模板切割引线、长脚插件一次焊接。（ ）

7．吸塑机是用薄膜固定元器件的设备。（ ）

8．脉冲加热焊适用于大型集成电路的焊接。（ ）

9．将自动焊接机、自动涂敷焊剂装置等机器联装起来，加上自动测量、显示等装置，就构成了自动焊接系统。（ ）

10．再流焊又称回流焊，是伴随微型化电子产品的出现而发展起来的一种新型锡焊技术。（ ）

三、选择题

1．焊剂泡沫波峰高度通常为（　　）mm，可通过压缩空气流量进行控制和调整。

A．5 ~ 10　　B．10 ~ 20　　C．300　　D．350

2．波峰焊接中的预热温度一般控制在（　　）℃左右。

A．100　　B．200　　C．300　　D．350

3．印制电路板与加热器之间的距离为（　　）cm。

A．20 ~ 30　　B．30 ~ 40　　C．40 ~ 50　　D．50 ~ 60

4．用脉冲加热焊焊接时，对工件进行极短时间的加热，一般以（　　）s 为宜。

A．1　　B．2　　C．3　　D．5

四、简答题

1．对集成电路进行焊接时，应注意哪些问题？

2．波峰焊接工艺中的预热工序的主要作用是什么？

3．简述高频加热焊的焊接方法。

任务 3　手工贴片焊接操作

一、填空题

1．在电子产品中，由于小型化的需求，各种无引脚或不需要穿孔焊接的元件都贴装在 PCB 表面，简称________。

2．热风枪主要由______、__________、___________、______、______等组件组成。

3．手柄组件采用消除______材料制造，可以有效防止________的干扰。

4．拆焊有两种主要的方法，一种是______法，另一种是________法。

5．拆焊已损坏的双排贴集成电路时，可以采用________法。

二、判断题

1．热风枪是一种用于贴片元件和贴片集成电路的拆焊、焊接工具。（　　）

2．选购 936 电烙铁时，最好选用防静电不可调温度的电烙铁。（　　）

3．恒温电烙铁主要用来焊接，焊接时最好使用助焊剂。（　　）

4．吸锡线的作用是防止出现相邻焊点连接短路的情况。（　　）

三、选择题

1．热风枪的风流量较大，一般为（　　）L/mm。

A．10　　B．20　　C．27　　D．35

2．拆焊时，热风枪嘴与电路板的距离一般为（　　）cm。

A．1 ~ 2　　B．2 ~ 3　　C．3 ~ 4　　D．3 ~ 5

3．一般情况下，热风枪的热气流要与电路板（　　）。

A．平行　　B．垂直　　C．相交　　D．成 60° 夹角

4．焊接贴片集成电路时，应将电路板倾斜放置，倾斜角度 α 应为（　　）。

A．60°　　B．70°　　C．90°　　D．70° ~ 90°

5．焊接贴片集成电路时，电烙铁在器件上停留的时间控制在（　　）s 以内。

A．1　　B．2　　C．3　　D．4

四、简答题

1．简述热风枪的组成和特点。

2．简述恒温电烙铁的使用方法。

3．简述吸锡线的使用方法。

4．简述用电烙铁拆除元器件的方法（焊锡堆法）。

课题三　印制电路制作工艺

任务 1　印制电路板的制作

一、填空题

1. 在绝缘基材的________上，按预定设计，用__________方法制作的电路，称为______电路。

2. 印制电路包括________、__________________或由两者组合而成的电路。

3. 印制电路板分为__________、__________和__________。

4. 覆铜板根据材料分为覆铜箔________层压板、覆铜箔____________层压板、覆铜箔____________层压板和覆铜箔____________层压板。

5. 单面板是由一面敷铜的绝缘板组成的，一般包括________和________的丝印层两部分。

6. 双面板是由两面敷铜的绝缘板组成的，一般包括______________（焊接面）和________（元件面）两部分。

7. 元器件在印制电路板上的固定方式分为________和________两种。

8. 焊盘的形状有________、________、__________、__________、________等，一般选用________形。

9. 手工制作常用的方法有__________、__________和____________。

二、判断题

1. 印制电路板一般采用覆铜板制作。（　　）

2. 覆铜板是指把一定厚度的铜箔通过黏结剂热压在一定厚度的绝缘基板上。（　　）

3. 因为双面板可以两面走线，所以其布线相对复杂，价格适中，应用较为广泛。（　　）

4. 印制导线应尽可能避免出现尖角或锐角拐弯。（　　）

5. 喷绘系统是指电子工程 CAD 驱动一个喷绘装置（该装置上有一个非常精密的压电喷头）向已预涂了感光抗蚀材料的覆铜箔板上喷绘所需要的印制图形。（　　）

6. 简单电路可以采用空心铆钉制法。（　　）

三、选择题

1. 元器件在布设时不可上下交叉，相邻元器件要保持一定的距离，并留有安全间隙，规定其耐压为（　　）V/mm。

A. 200　　B. 240　　C. 300　　D. 350

2．对于双列直插式集成电路，焊盘的尺寸为（　　）。

A．ϕ1.2 mm ～ ϕ1.3 mm　　B．ϕ1.5 mm ～ ϕ1.6 mm

C．ϕ1.6 mm ～ ϕ1.8 mm　　D．ϕ1.8 mm ～ ϕ1.9 mm

3．一般焊盘的尺寸不小于（　　）mm。

A．ϕ1.2　　B．ϕ1.3　　C．ϕ1.6　　D．ϕ1.8

4．印制导线的宽度一般为（　　）mm。

A．0.2 ～ 0.3　　B．0.3 ～ 0.5　　C．0.6 ～ 0.8　　D．0.8 ～ 0.9

5．对于电源线和接地线的印制导线，其宽度一般取（　　）mm。

A．1.2 ～ 1.3　　B．1.5 ～ 2　　C．1.6 ～ 1.8　　D．1.8 ～ 2.5

6．腐蚀液一般用三氯化铁水溶液，其浓度为（　　）。

A．10% ～ 20%　　B．20% ～ 30%　　C．30% ～ 40%　　D．40% ～ 50%

四、简答题

1．如何选择印制电路板对外连接的方法？

2．简述印制电路板中的干扰类型及其抑制措施。

3．简述元器件的安装与布局方式。

4．简述排版草图的绘制步骤。

5．简述手工制作印制电路板时，采用贴图法的操作步骤。

任务2　电子元器件的安装

一、填空题

1．万用电路板是一种按照标准IC（集成电路）间距为________mm__________、可按自己的意愿插装元器件及连线的印制电路板，俗称“________”。

2．常用的万用电路板主要有两种，一种是焊盘________，简称________；另一种是多个焊盘__________，简称________。

3．单孔板分为________和________两种。

4．根据材质，万用电路板分为________和________两种。

5．电子元器件在电路板上的安装方式主要有______和______两种。

6．三极管的插装分为________和________两种。

7．三极管一般有两种封装方式，一种是________，另一种是__________。

二、判断题

1．万能板具有使用门槛低、成本低廉、使用方便、扩展灵活等优点。（　　）

2．铜板的焊盘是裸露的铜，呈金黄色；焊盘表面镀了一层锡的是锡板，呈银白色。（　　）

3．单孔板较适合模拟电路和分立电路，连孔板则更适合数字电路和单片机电路。（　　）

4．元器件采用立式安装时，占用电路板平面的面积较小，有利于缩小整机电路板的面积。（　　）

5．元器件采用卧式安装时，应注意将元器件的标志朝向便于观察的方向，以便校核电路和日后维修。（　　）

6．元器件采用卧式安装时，可以降低安装高度，适用于电路板上部空间距离较小的情况。（　　）

7．体积较小的电解电容在成形时，应先用镊子将电容的两根引线拉直，然后用镊子或整形钳将电容的两根引线向外弯成 60° 倾斜。（　　）

8．三极管跨排式插装在成形时，应先用镊子将三极管的 3 根引线拉直，然后将中间的引线向前或向后弯成 90° 倾斜。（　　）

三、选择题

1．元器件外壳或引线不得相碰，要保证（　　）mm 的安全间隙。

A．0.5 ~ 1　　B．1 ~ 1.5　　C．1.5 ~ 2　　D．2 ~ 2.5

2．对于（　　），一般电路板都设计成卧式插装。

A．电阻器　　B．电容器　　C．电感器　　D．指示灯

3．（　　）一般不采用直立插装。

A．瓷片电容　　B．涤纶电容

C．较小容量的电解电容　　D．较大体积的电解电容

4．立式安装电阻在成形时，应先用镊子将电阻的两根引线拉直，然后再用 ϕ0.3 mm 的钟表旋具作固定面将电阻的引线弯成半圆即可，注意阻值色环向（　　）。

A．上　　B．下　　C．左　　D．右

5．卧式插装电阻在成形时，应先用镊子将电阻的两根引线拉直，然后用镊子在距电阻本体（　　）mm 处将引线弯成直角。

A．0.5 ~ 1　　B．1 ~ 1.5　　C．1 ~ 2　　D．2 ~ 2.5

6．瓷片电容成形时，应先用镊子将电容的两根引线拉直，然后再向外弯成（　　）倾斜。

A．30°　　B．45°　　C．60°　　D．90°

7．体积较大的电解电容成形时，应先用镊子将电容的两根引线拉直，然后用镊子或整形钳在距电容本体约 5 mm 处分别将两根引线向外弯成（　　）。

A．30°　　B．45°　　C．60°　　D．90°

四、简答题

1．简述电子元器件的插装要求。

2．电子元器件引脚成形的基本要求有哪些?

3．简述电阻的成形方法。

第二单元　典型电子电路的安装、调试与检修

课题一　整流、滤波及稳压电源电路的安装、调试与检修

任务 1　单相桥式整流、滤波电路的安装与调试

一、填空题

1．将交流电转换为直流电的过程称为________，单相整流电路整流后得到的是________直流。

2．常见的单相整流电路有单相__________、单相______电路和______整流电路等。

3．滤波是指保留脉动直流电中的______成分，尽可能滤除其中的______成分，把脉动直流电变成______直流电的过程。

4．在滤波电路中，滤波电容与负载______，滤波电感与负载______。

5．电感滤波是利用电感线圈电流不能______，从而使流过负载的电流变得______来实现滤波的。负载电阻越______，滤波电感越______，滤波效果越好。

6．电感滤波适用于______的场合，电容滤波适用于______的场合。

二、判断题

1．因为晶体二极管有一个 PN 结，所以其具有单向导电性。（　　）

2．凡具有单向导电性的元件都可以作为整流元件。（　　）

3．在单相半波整流电路中，整流二极管承受的最大反向电压为变压器二次侧电压的 2 倍。（　　）

4．流过单相半波整流二极管的平均电流等于负载中流过的平均电流。（　　）

5．单相桥式整流电路属于全波整流电路。（　　）

6．在单相桥式整流电路中，其二极管承受的反向电压与半波整流二极管承受的反向电压相同。（　　）

7．在单相桥式整流电路中，如果有一只二极管接反，将有可能使整流二极管和变压器二次侧绕组烧毁。（　　）

8．在整流电路中，负载上获得的脉动直流电压常用有效值来说明它的大小。（　　）

9．在单向整流电路中，将变压器二次侧绕组的两个端点对调，则输出的直流电压极性也随之相反。（　　）

10．电容滤波电路带负载的能力比电感滤波电路强。（　　）

11．在单相全波整流电路中，通过整流二极管的平均电流等于负载中流过的平均电流。（　　）

12．带有电容滤波的单相桥式整流电路，其输出电压的平均值与所带负载无关。（　　）

三、选择题

1．整流电路输出的电压应为（　　）。

A．平直直流电压　　B．交流电压

C．脉动直流电压　　D．稳恒直流电压

2．单相半波整流电路输出的电压平均值为变压器二次侧电压有效值的（　　）倍。

A．0.9　　B．0.45　　C．0.707　　D．1

3．单相全波整流电路输出的电压平均值为变压器二次侧电压有效值的（　　）倍。

A．0.9　　B．0.45　　C．0.707　　D．1

4．在单相全波整流电路中，其二极管承受的反向电压最大值为变压器二次侧电压有效值的（　　）倍。

A．0.9　　B．1.2　　C．$\sqrt{2}$　　D．$2\sqrt{2}$

5．若单相桥式整流电路中有一只二极管断路，则该电路（　　）。

A．不能工作　　B．仍能正常工作

C．输出电压降低　　D．输出电压升高

6．整流电路加滤波器的主要作用是（　　）。

A．提高输出电压　　B．减小输出电压的脉动程度

C．降低输出电压　　D．限制输出电流

7．在有电容滤波的单相桥式整流电路中，若要使负载得到 45 V 的直流电压，变压器二次侧电压的有效值应为（　　）V。

A．45　　B．50　　C．100　　D．37.5

8．在滤波电路中，与负载并联的元件是（　　）。

A．电容　　B．电感　　C．电阻　　D．开关

9．在单相桥式整流电路中，每个二极管的平均电流等于（　　）。

A．输出平均电流的 1/4　　B．输出平均电流的 1/2

C．输出平均电流　　D．输出平均电流的 1/3

10．在单相整流电路中，二极管的反向电压的最大值出现在二极管（　　）。

A．截止时　　B．导通时

C．由导通转为截止时　　D．由截止转为导通时

11．利用电抗元件的（　　）特性能实现滤波。

A．延时　　B．储能　　C．稳压　　D．单向导电

12．在单相桥式滤波电路中，如果电源变压器二次侧电压为 100 V，则负载电压为（　　）V。

A．100　　B．120　　C．90　　D．140

13．单相桥式整流电路加上滤波电容后，二极管的导通时间（　　）。

A．变短　　B．变长　　C．不变　　D．先大后小

四、简答题

1．在单相桥式整流电路中，若四只二极管全部接反，对输出有何影响？若一只二极管断开、短路或接反，对输出有何影响？

2．在具有电容滤波的整流电路中，为什么二极管的导通角永远小于 180°？

3．一个单相桥式滤波电路，变压器二次侧电压为 10 V，若：

（1）空载电压为 14 V、满载电压为 12 V，是否正常？

（2）空载电压低于 10 V，是否正常？为什么？

（3）无论是空载还是满载，输出电压变化很小，是否正常？是由什么原因造成的？

五、计算题

1．在单相半波整流电路中，已知变压器一次侧电压 U_1=220 V，变压比 n=10，负载电阻 R_L=10 Ω，试计算：

（1）整流输出电压 U_L。

（2）二极管通过的电流和承受的最高反向电压。

2．单相桥式整流电路，要求输出电压为 25 V、输出电流为 200 mA，试计算二极管的电压、电流参数应满足哪些要求。

任务 2　串联型稳压电源的安装与调试

一、填空题

1．单相直流稳压电源按照使用的元件可分为________稳压电源和______稳压电源两种。

2．稳压电路是指当__________发生波动或______发生变化时，能使输出电压稳定的电路。

3．在硅稳压二极管稳压电路中，稳压二极管的正极必须接电源的____极，负极必须接电源的______极。

4．________________与________串联的稳压电路称为串联型稳压电路。

5．串联型稳压电路主要由__________、__________、____________和________组成。

二、判断题

1．硅稳压二极管应在反向击穿状态下工作。（　　）

2．稳压电源输出的电压值是恒定不变的。（　　）

3．在硅稳压二极管的简单并联型稳压电路中，稳压二极管应工作在反向击穿区，并且与负载电路串联。（　　）

4．串联型稳压电路中的电压调整管相当于一只可变电阻。（　　）

5．串联型稳压电路的稳压过程，实质是电压串联负反馈的自动调节过程。（　　）

三、选择题（不定项选择题）

1．串联型稳压电路的调整管工作在（　　）。

A．截止区　B．放大区　C．饱和区　D．过损耗区

2．稳压二极管的稳压性能是利用（　　）来实现的。

A．PN 结的单向导电性　B．PN 结的反向击穿特性

C．PN 结的正向导通特性　D．PN 结的反向阻断特性

3．硅稳压二极管稳压电路适用于（　　）的场合。

A．输出电流大　B．输出电压大

C．输出电压稳定度要求不高　D．输出电压稳定度要求高

4．稳压电路按调整元件与负载的连接方式不同，可以分为（　　）。

A．串联型　B．并联型　C．开关型　D．储能型

5．带有放大环节的串联型晶体管稳压电源由（　　）组成。

A．取样电路　B．基准电路　C．比较放大电路　D．调整电路

6．串联型稳压电路实际上是一种（　　）电路。

A．电压串联型　B．电流串联型

四、简答题

1．在图 2–1 所示的硅稳压管稳压电路中，电阻 R 在电路中起什么作用？*R*=0 时，电路还有没有稳压作用？*R* 的大小对电路的稳定性是否有影响？若稳压管击穿损坏或断路，对输出电压有什么影响？

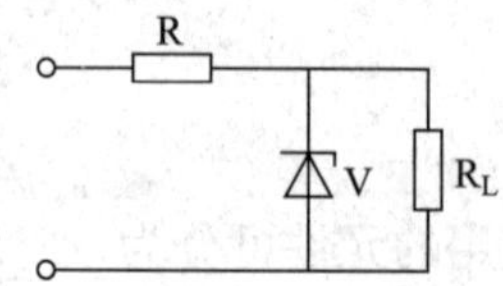

图 2–1　硅稳压管稳压电路

2. 图 2–2 所示是某位同学设计的稳压电源的原理图（要求输出电压极性为下正上负），试指出图中的错误，应如何改正？

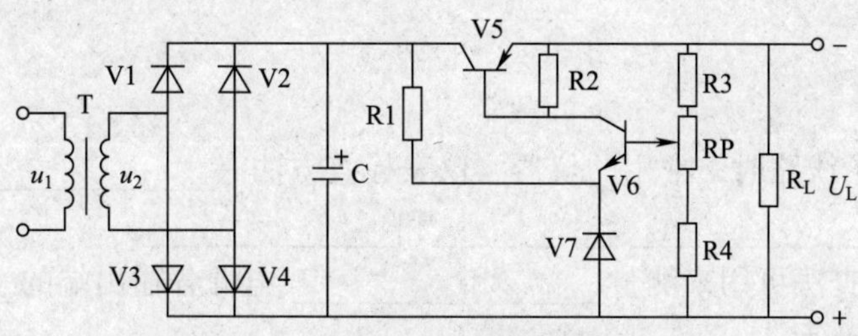

图 2–2　稳压电源原理图

3. 在图 2–3 所示电路中，已知 R_3=680 Ω，R_4=470 Ω，R_P=470 Ω，U_Z=5.3 V，U_{BE}=0.7 V，试求输出电压的可调范围，并分析：

（1）R1 开路对电路的输出有何影响？

（2）若二极管不慎接反，对电路有何影响？

（3）若 V3 管的发射极开路或击穿，对电路有何影响？

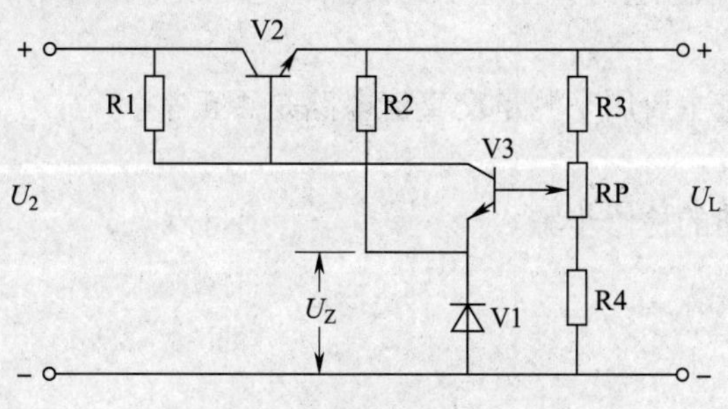

图 2–3　稳压电源原理图

任务 3　串联型稳压电源的检修

一、填空题

1．检修电子线路时，常用的仪器、仪表检查方法有________________________、________________、__________、__________和_____________。

2． 电阻检查法可用来测量______和__________电源各输出端的______电阻，以检查电源的负载有无________或________。

二、判断题

1．用万用表测量电路电流时，电流挡的内阻应足够小，以免影响电路正常工作。（　　）

2．电阻检查通常在关机状态下进行。（　　）

3．直流电流检查常用来检查电源的输出电流和各单元电路的工作电流，尤其是输出级的工作电流，这种方法更能定量反映电路的静态工作是否正常。（　　）

4．对电子电路进行元器件更换后，必须进行调试，使其符合原来电路的要求。（　　）

5．测量在线电子元件时，通过对换表笔进行测量结果比较，能较好地避免判断失误。（　　）

6．在用测量法检查故障点时，一定要保证各种测量工具和仪表完好，使用方法正确，还要注意防止感应电对其他电子元器件、电子线路的影响，以免扩大故障范围。（　　）

7．交流电压检查主要用来测量交直流电路是否正常。（　　）

三、简答题

1．简述电子线路的检修步骤。

2．在检修电子电路前，应如何对其进行性质识别？

3．检修电子电路后要做好记录，记录的主要内容有哪些？

4．简述电子电路检修的操作要点。

5．简述检修较复杂电子线路的注意事项。

6. 电阻检查法的主要检查内容有哪些？

7. 元件的拆法和重新焊接应注意哪些问题？

8. 简述较复杂电子线路检修后的调试步骤。

课题二　放大电路的安装与调试

任务 1　多级负反馈放大电路的安装与调试

一、填空题

1．用电子元器件把微弱的电信号（电压、电流、功率）增强到所需值的电路称为________。

2．常见的放大电路有__________放大电路、__________等。

3．图 2–4 所示放大电路由______级放大电路组成，第一级是________________放大电路，第二级是________放大电路。

4．共发射极放大电路的输入端由________和________组成，输出端由________和______组成。

5. 在共发射极放大电路中，输出电压和输入电压相位________。

6. 在图 2–4 中，负反馈使输入电阻________，使输出电阻________。

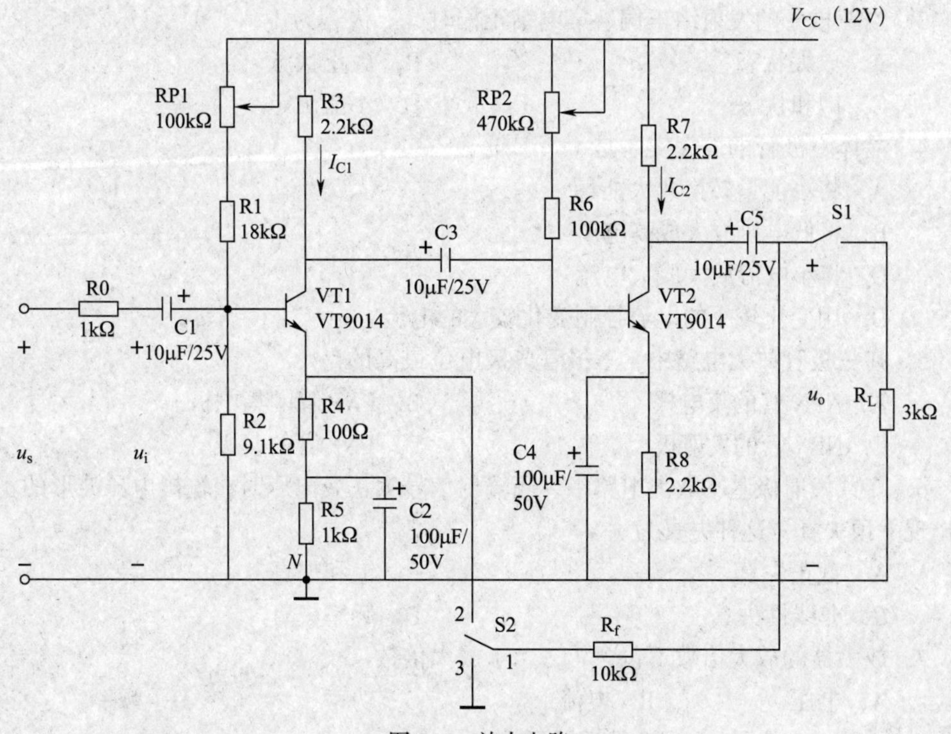

图 2–4　放大电路

7. 电压串联负反馈使输出电压________，使输出电阻________。

二、判断题

1．三极管是构成放大器的核心，其具有电压放大作用。 （ ）

2．图 2–4 所示放大电路的第一级放大电路常称为分压式射极偏置放大电路。 （ ）

3．分压式射极偏置放大电路能有效地稳定放大电路的静态工作点。 （ ）

4．两级放大电路具有能量放大作用。 （ ）

5．在图 2–4 中，VT2 是第二级放大电路的放大管。 （ ）

6．共发射极放大电路的电压放大倍数随负载而变化，负载的阻值越大，电压的放大倍数越大。 （ ）

7．负反馈使电压放大倍数增大。 （ ）

8．在共发射极放大电路中（NPN 管），若静态工作点设置得偏高，容易产生饱和失真，输出电压的正半周会出现平顶失真。 （ ）

三、选择题

1．当三极管的发射结正偏、集电结反偏时，三极管为（ ）。

A．放大状态　　B．截止状态

C．饱和状态　　D．不能确定

2．当三极管的发射结反偏、集电结反偏时，三极管为（ ）。

A．放大状态　　B．截止状态

C．饱和状态　　D．不能确定

3．当三极管的发射结正偏、集电结正偏时，三极管为（ ）。

A．放大状态　　B．截止状态

C．饱和状态　　D．不能确定

4．晶体三极管的放大实质是（ ）。

A．将小能量转换成大能量

B．将低电压放大成高电压

C．将小电流放大成大电流

D．用变化较小的电流控制变化较大的电流

5．在三极管放大电路中，三极管各极电位最高的是（ ）。

A．NPN 管的集电极　　B．PNP 管的集电极

C．NPN 管的发射极　　D．PNP 管的基极

6．在共发射极基本放大电路中，当输出信号为正弦电压时，输出电压波形的正半周出现平顶失真，这种失真为（ ）。

A．截止失真　　B．饱和失真

C．非线性失真　　D．频率失真

7．放大器的放大倍数不包含（ ）放大倍数。

A．电压　　B．电流　　C．功率　　D．频率

8．在图 2–4 中，（ ）是反馈元件。

A．电阻 R_f　　B．电容 C3　　C．电阻 R8　　D．电阻 R7

9．在图 2–4 中，反馈的类型是（　　）。

A．电压串联负反馈　　B．电压并联负反馈

C．电流并联负反馈　　D．电流串联负反馈

10．在图 2–4 中，放大电路的耦合方式是（　　）。

A．直接耦合　　B．阻容耦合

C．变压器耦合　　D．光电耦合

11．图 2–4 所示放大电路的第一级是（　　）放大电路。

A．共发射极　　B．共基极

C．共集电极　　D．串联分压式

12．图 2–4 所示放大电路的第二级是（　　）放大电路。

A．共发射极　　B．共基极

C．共集电极　　D．光电耦合型

四、简答题

1．发现放大器输出波形失真是否说明静态工作点一定不合适？为什么？

2．图 2–5 所示为分压式偏置电路，分析当温度变化或更换晶体三极管时，电路稳定静态工作点的过程。

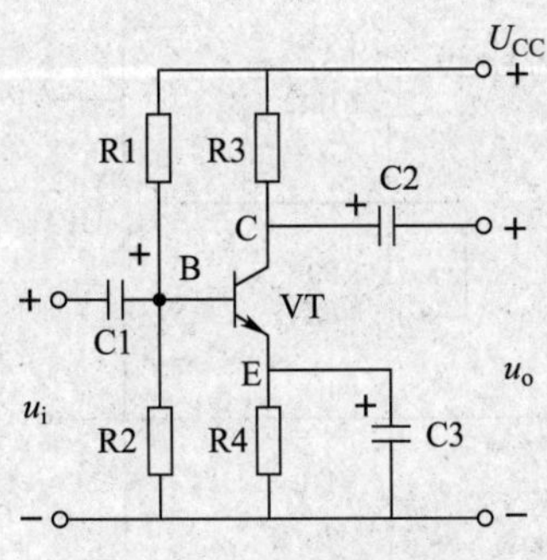

图 2–5　分压式偏置电路

任务 2　功率放大器的安装与调试

一、填空题

1．向负载提供低频功率的放大器称为______________，简称______。

2．按照输出端的特点，功率放大器可以分为________________功率放大器、______________功率放大器（OTL）和______________功率放大器（OCL）。

3．OTL 功率放大器由____________和________________组成。

二、判断题

1．在图 2–6 中，RP1 引入电压串联负反馈，可以稳定静态工作点和提高输出信号电压的稳定度。（　　）

2．在图 2–6 中，三极管 VT2 和 VT3 组成互补对称功放电路。（　　）

3．在图 2–6 中，RP2 和二极管 VD1 为 VT2、VT3 提供适当的发射结电压，使得两晶体管在静态时处于微导通状态。（　　）

4．在图 2–6 中，调节 RP2（配合调节 RP1）可以调整功放管的静态工作点。（　　）

5．在图 2–6 中，二极管 VD1 的正向压降随温度的升高而升高，对功放管能起到一定的温度补偿作用。（　　）

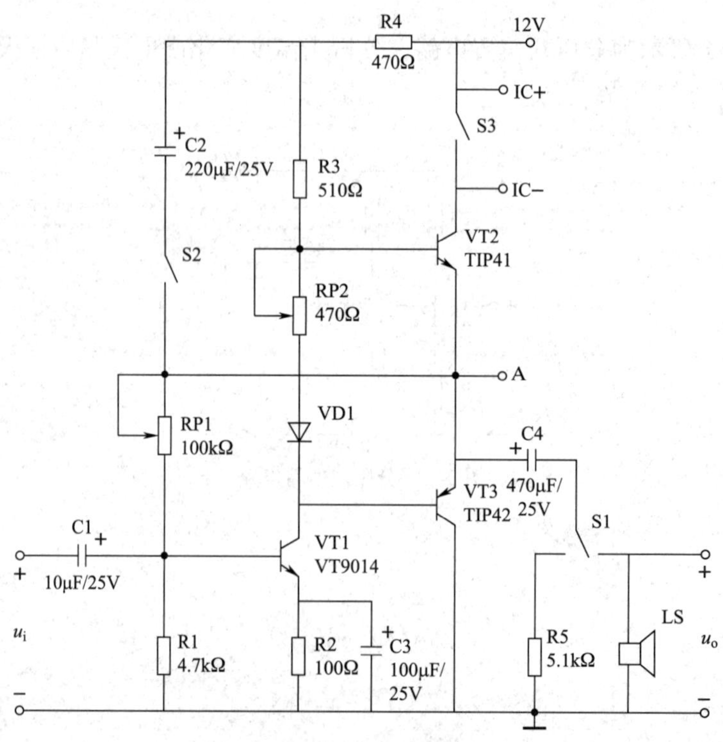

图 2–6　OTL 功率放大器电路

三、选择题

1．OTL 功率放大器电路（图 2–6）的激励放大级是由三极管 VT1 组成的工作点稳定的（　　）偏置放大电路。

A．分压式射极　　B．分压式集电极　C．共发射极　　D．分压式基极

2．在图 2–6 中，RP2 和二极管 VD1 为三极管 VT2、VT3 提供适当的发射结电压，以消除（　　）失真。

A．饱和　　B．线性　　C．截止　　D．交越

四、简答题

简述图 2–6 所示 OTL 功率放大器电路的工作原理。

课题三　晶闸管整流电路的安装与调试

任务 1　晶闸管调光灯电路的安装与调试

一、填空题

1. 晶闸管是一种________半导体器件，可用于__________，也就是把交流电变换成____________的直流电。

2. 在图 2–7 中，______、______、______、______、______、______组成单结晶体管的张弛振荡器。

3. 在图 2–7 中，当电容 C 达到峰点电压时，单结晶体管变成______，在 R3 上输出一个________。当电容 C 上的电压降到谷点电压时，单结晶体管恢复________状态。

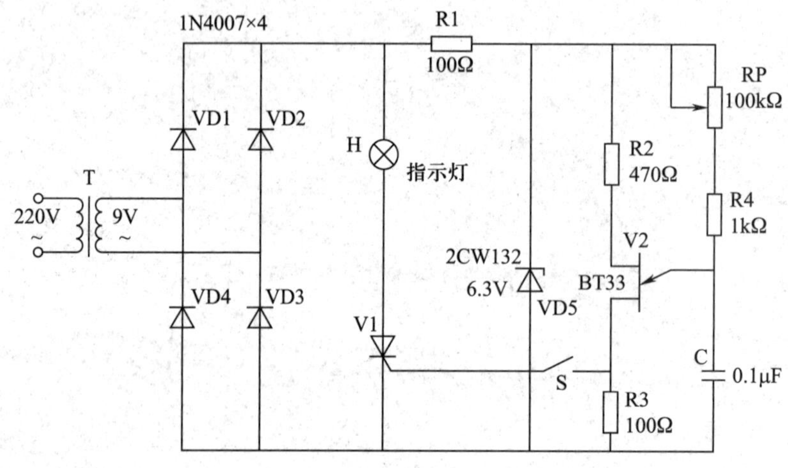

图 2–7　单结晶体管触发的调光电路

二、判断题

1. 在图 2–7 中，由 BT33 组成的单结晶体管张弛振荡电路停振，可能造成指示灯不亮，或指示灯不可调光，其原因可能是 BT33 或 C 损坏。（　　）

2. 在图 2–7 中，RP 顺时针旋转时，指示灯逐渐变暗，可能是 RP 中心抽头接错位置。（　　）

3. 在图 2–7 中，当调节 RP 至最小时，指示灯突然熄灭，则应适当增大 R4 的阻值。（　　）

三、选择题

1. 单结晶体管两端的电压达到（　　）时，单结晶体管由阻断变为导通。

A．谷点电压　　　　　　　　　　B．截止电压

C．峰点电压　　　　　　　　　　D．饱和电压

2．在图 2–7 中，造成指示灯不可调光的原因可能是（　　）。

A．电压过低　　　　　　　　　　B．单结晶体管 BT33 损坏

C．电容 C 损坏　　　　　　　　D．电位器 RP 损坏

四、简答题

1．分析图 2–8 所示单相可控调压电路的工作原理。

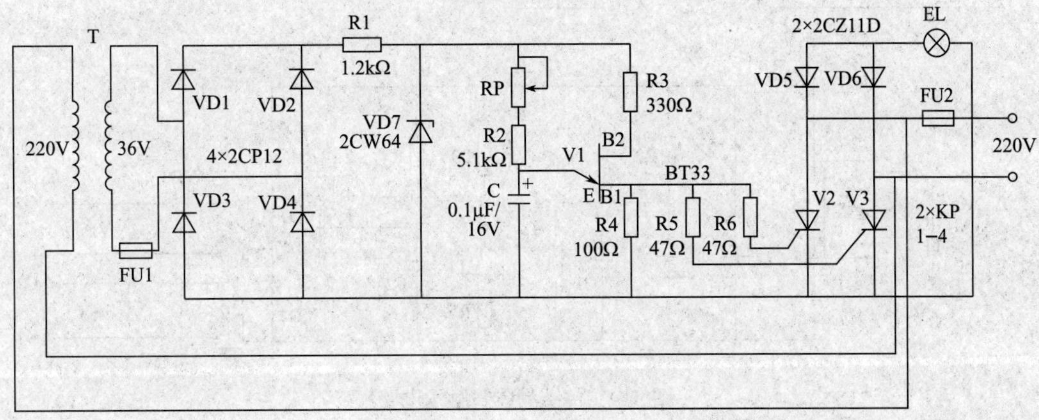

图 2–8　单相可控调压电路

2．安装晶闸管调光电路的注意事项有哪些？

任务 2　晶闸管调速器的安装与调试

一、填空题

1．晶闸管直流调速系统有______调速和________调速两种。

2．在图 2–9 所示单结晶体管触发电路中，触发电路由______________、________及由________、________等组成的等效________组成。

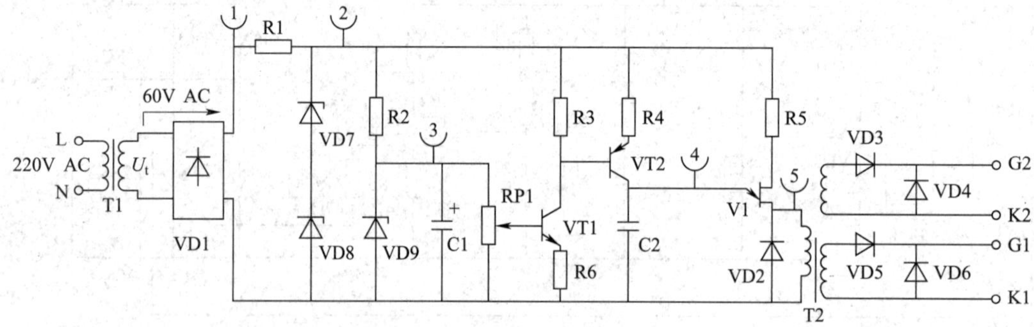

图 2–9　单结晶体管触发电路

二、判断题

1．在图 2–9 中，电容 C2 的充电时间常数由充电回路的等效电阻和 C2 的电容量决定。　（　　）

2．在图 2–9 中，C2 充、放电回路的等效电阻可随 VT1 基极电压的改变而改变。　（　　）

三、选择题

1．在图 2–9 中，调节 RP1 动触点的位置，即可改变 VT1 的基极电压，使 VT1、VT2 都工作在（　　）。

A．放大区　　B．截止区　　C．饱和区　　D．非线性区

2．在图 2–9 中，梯形波内的第一个脉冲出现的时刻（控制角 α）可由（　　）控制（调节）。

A．RP1　　B．C1　　C．R6　　D．VT1

四、简答题

简述图 2–9 所示单结晶体管触发电路的工作原理。

课题四　数字电路的安装与调试

任务 1　555 集成定时器的安装与调试

一、填空题

1．常用的 555 集成定时器有______定时器和________定时器两种类型。

2．555 集成定时器可以做成_____________、____________和_______________等。

3．CMOS 定时器 CC7555 由__________、_______________和___________、________以及______________组成。

二、判断题

1．TTL 定时器和 CMOS 定时器的工作原理基本相同。（　　）

2．如果使用集成块插座在印制电路板上焊接，其焊接方法与焊接二极管的方法相同。（　　）

3．在图 2–10 中，如果 VD2 接反，按下按钮“SB”，电源不能对 C1 进行充电，4 脚为高电平。（　　）

三、选择题

1．八脚的插座占（　　）个焊盘。

A．2×2　　B．3×3　　C．4×4　　D．5×5

2．在图 2–10 中，如果（　　）开路，当按下按钮“SB”，电路振荡并发出“叮”声；松开按钮“AN”，因为振荡回路开路，所以不发出声音。

A．R1　　B．R2　　C．R4　　D．R3

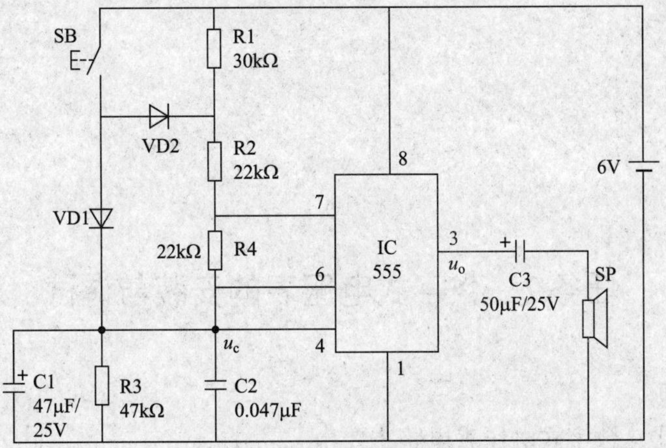

图 2–10　叮咚门铃电路

3．在图 2–10 中，改变（　　）的数值，变音门铃的音节会发生变化。

A．C1　　B．C2　　C．R2　　D．C3

四、简答题

简述图 2–10 所示叮咚门铃电路的工作原理。

任务 2　数字式电压表的安装与调试

一、填空题

在图 2–11 中，数字式电压表电路主要由＿＿＿＿＿＿、＿＿＿＿＿＿/＿＿＿＿＿＿/＿＿＿＿＿＿、＿＿＿＿＿＿、＿＿＿＿＿＿等组成。

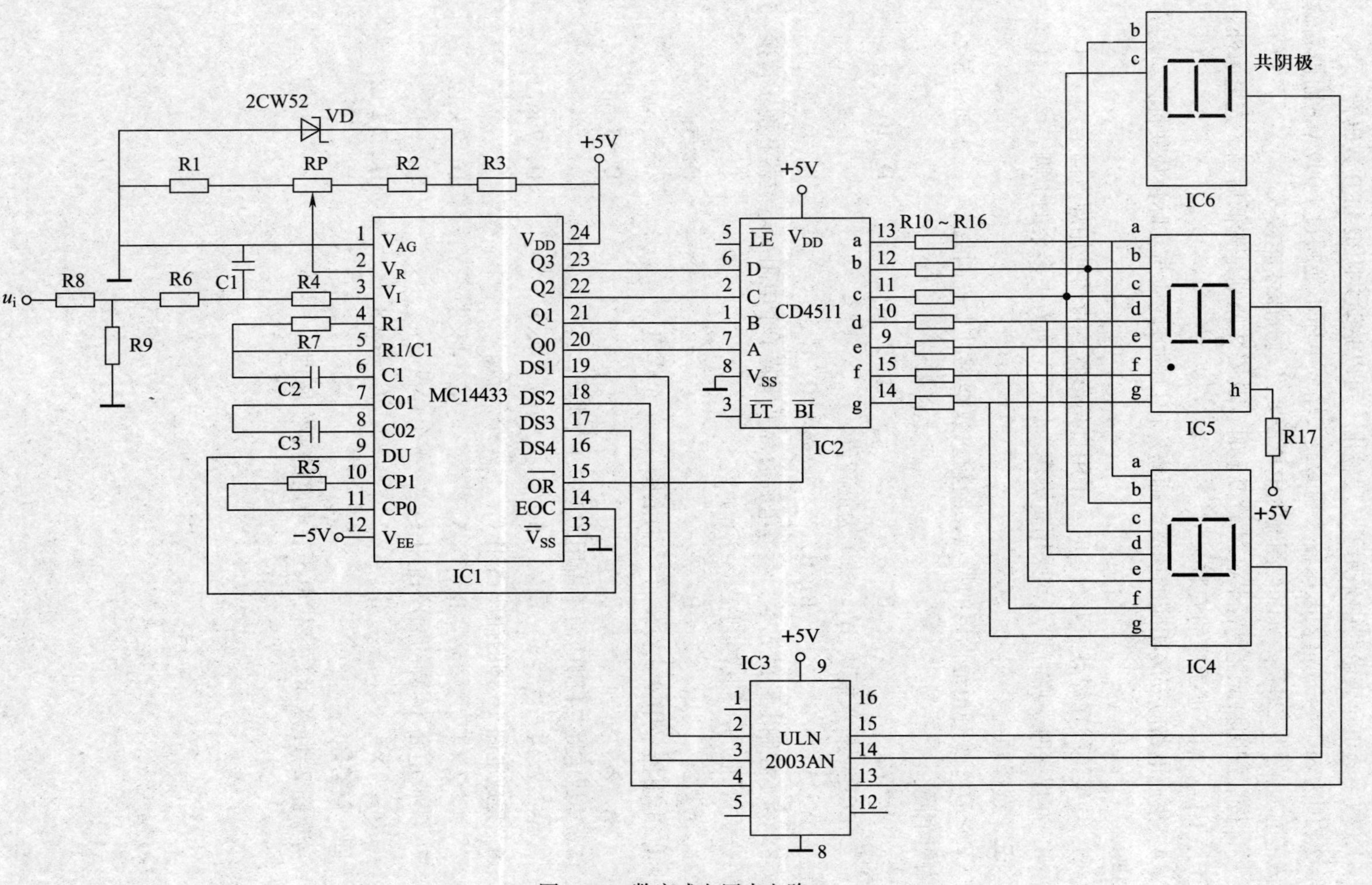

图 2-11 数字式电压表电路

二、判断题

1. 数字式电压表电路中采用了 7 段输出，可以驱动共阴极 LED 数码管。（　　）

2. 因为 MC14433 量程电压输入端的最大输入电压不能超过 1.999 V，而被测输入电压范围为 1.2 ~ 20 V，所以被测输入电压需要经过分压才能接入。（　　）

3. 按装配图将元器件插装在试验板上时，其安装原则是先低后高，先里后外，上道工序不得影响下道工序的安装。（　　）

4. 集成电路应安装相应的插座，插座标记口的方向应与实际集成块标记口的方向一致。（　　）

5. 导线连线在焊点面上拐弯时，采用直角形状，直角处用焊点固定。（　　）

6. 在焊接时，所有焊点均采用直脚焊，焊后无须剪去多余的引脚。（　　）

三、选择题

1. CD4511 有拒绝伪码的特点，当输入数据越过十进制数（　　）时，显示字形将自行消隐。

A. 7　　B. 8　　C. 9　　D. 10

2. BCD 码输入模块，（　　）为最高位。

A. A　　B. B　　C. C　　D. D

3. 为了控制电路的成本，参考电源通常采用若干个电阻、电位器和稳压管接 +5 V 电源分压得到，并使其控制在（　　）V。

A. 2　　B. 3　　C. 4　　D. 5

4. 电阻器采用卧式安装时，占用（　　）个焊盘。

A. 2　　B. 3　　C. 4　　D. 5

5. 集成电路 24 脚的插座占用（　　）个焊盘。

A. 2×4　　B. 3×5　　C. 4×8　　D. 7×12

6. 集成电路 16 脚的插座占用（　　）个焊盘。

A. 2×4　　B. 3×5　　C. 4×8　　D. 7×12

7. 集成电路 14 脚的插座占用（　　）个焊盘。

A. 2×4　　B. 4×7　　C. 4×8　　D. 7×12

四、简答题

分析图 2–11 所示数字式电压表电路的工作原理。